本书由国家自然科学基金项目（42077245），四川省科技厅科普项目（2021JDKP0067），成都理工大学博物馆、地质灾害防治与地质环境保护国家重点实验室、四川省社科普及基地、内蒙古研究生教育教学改革项目（JGCG2022080），成都理工大学教育教学改革研究项目（科技助力防灾减灾）共同资助

防灾避险——漫话地质灾害

U0160771

滑坡

杨春燕 常 鸣 刘 建／编著

团团的滑坡之旅

科学出版社

内 容 简 介

我国西南地区是地质灾害高发地区，地质灾害防治科普任务非常艰巨，根据国家《全民科学素质行动计划纲要》以及普及大众的地质灾害防治知识需要，防灾避险地质灾害科普知识十分迫切。

本册以一块岩石的视角，讲述它的经历了滑坡地质灾害的故事。本册用简洁朴实的语言、大量实物照片、手绘图片等普及滑坡的成因、预兆、发生过程、危害，以及遇到滑坡应怎样防灾避险的科普知识。

本书可供广大青少年学生和大众阅读。

图书在版编目（CIP）数据

防灾避险：漫话地质灾害. 滑坡 / 杨春燕，常鸣，刘建编著. — 北京：科学出版社，2024.1
ISBN 978-7-03-075742-5

Ⅰ．①防… Ⅱ．①杨… ②许… ③刘… Ⅲ．①地质灾害－灾害防治－普及读物 ②滑坡－灾害防治－普及读物
Ⅳ．①P694-49 ②P642.22-49

中国国家版本馆CIP数据核字(2023)第102058号

责任编辑：罗　莉／责任校对：彭　映
责任印制：罗　科／封面设计：墨创文化

科学出版社 出版

北京东黄城根北街16号
邮政编码：100717
http://www.sciencep.com

四川煤田地质制图印务有限责任公司 印刷
科学出版社发行　各地新华书店经销

*

2024年1月第 一 版　　　开本：787×1092　1/16
2024年1月第一次印刷　　印张：2 1/4
字数：150 000
定价：48.00元（全三册）
（如有印装质量问题，我社负责调换）

现在，团团虽然变小了很多，但是它的生活很安逸。它所在的地方，是一个缓坡，长了很多植物。团团的旁边，离离散散躺了一些石头邻居。

慢慢地，团团的邻居越来越多，周围聚集了很多泥土和碎石。就连它的头顶，也聚集了碎石和泥土。

因为这些邻居的到来，团团的头顶上长出了苔藓。夏天，苔藓长得浓郁且绒长，团团像是戴了一顶绿色的帽子。冬天，帽子就变成了棕色。今年夏天，雨水特别充沛，到处都变得湿湿滑滑的，这下，团团不得不往下滑动。

有时候，滑得太快，团团的帽子都掉了。

哧溜，骨碌碌，哧溜，骨碌碌，团团一直往下滑，砂土、石块和树枝都不能阻挡团团。

令人担忧的是，这些砂土、石块和树枝也在往下滑。不好，这个山坡将要发生一场大滑坡！！！

03

什么是滑坡？

滑坡是指斜坡上的土石和岩体，在重力作用下沿着坡道向下滑动的自然现象。滑坡是一种常见的地质灾害，通常发生在雨季的山区。

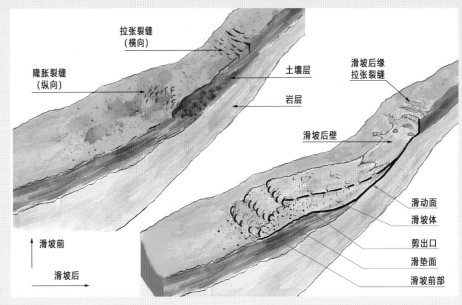

拉张裂缝（横向）

隆胀裂缝（纵向）

土壤层

岩层

滑坡后缘拉张裂缝

滑坡后壁

滑动面

滑坡体

剪出口

滑垫面

滑坡前部

滑坡前

滑坡后

滑坡遗迹

滑坡体在下滑过程中，会造成人畜受伤、房屋受损、毁坏路桥、掩埋田地、毁坏庄稼等危害。

滑坡毁坏房屋

滑坡毁坏道路

四川某地路边滑坡（席书娜 摄）

团团作为一块石头，有足够的时间慢慢观察和感受滑坡。因为，有的滑坡其实需要很多年积累才会发生。

滑坡的形成过程

　　滑坡需要积累足够多的土石，慢慢蠕动，最后突然滑下，即滑坡的形成过程包含积累、滑动、稳定三个阶段。在积累阶段，滑坡体逐渐积累土石，并发生蠕动变形。积累阶段有的需要几年，有的需要几十年、几百年，甚至上千年。

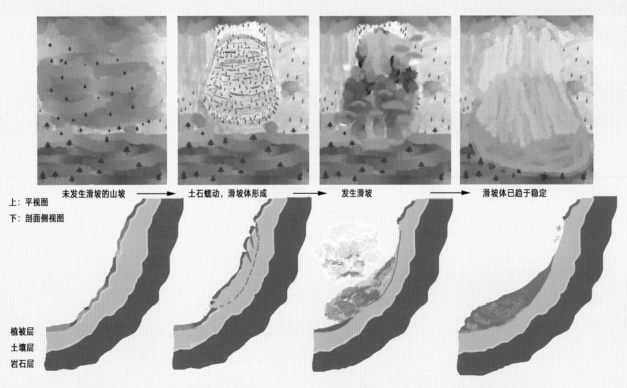

上：平视图
下：剖面侧视图

未发生滑坡的山坡 → 土石蠕动，滑坡体形成 → 发生滑坡 → 滑坡体已趋于稳定

植被层
土壤层
岩石层

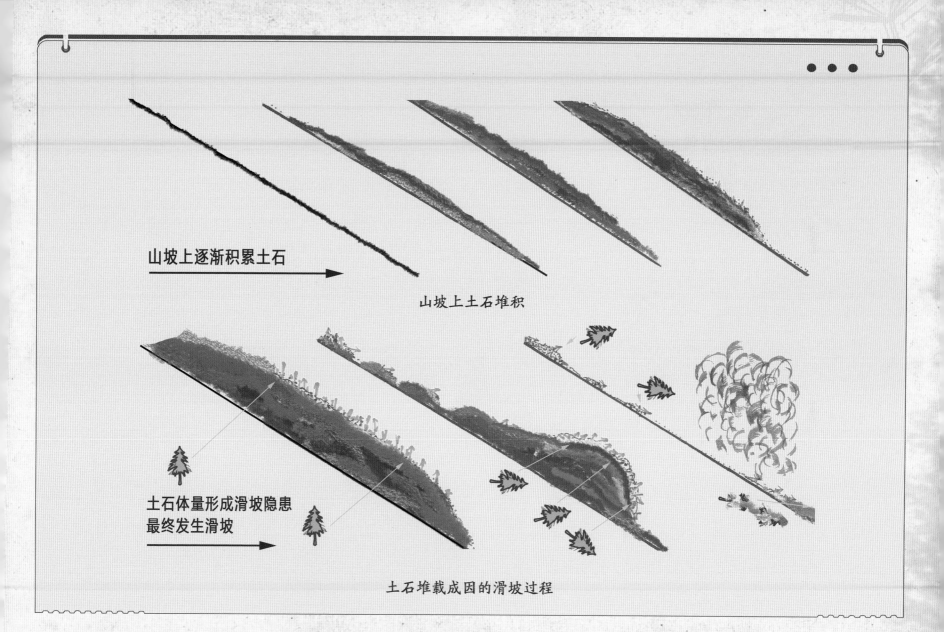

山坡上逐渐积累土石 →

山坡上土石堆积

土石体量形成滑坡隐患
最终发生滑坡 →

土石堆载成因的滑坡过程

瞧，团团遇到了一棵"摔倒树"，它像是重重地摔了一跤，已经没有站起来的力气了。这几年来，这棵树一直保持这个姿态，真有趣。

团团发现，"摔倒树"都长在特殊的山坡上。看，这些山坡上到处都是"摔倒树"，成片的"摔倒树"像一群喝醉了的人一样。

滑坡的预兆

速度缓慢的滑坡发生在树林里，土壤变得疏松，树木因地基不稳而变得东倒西歪，像一群喝醉了的人在走路。这样的树林称做"醉汉林"。

醉汉林是判断滑坡的重要标志。

滑坡发生之前在地面会出现开裂现象，通常在滑坡体的后缘出现拉张裂缝（横向），常伴有高低错位，而滑坡体的前缘出现隆胀裂缝（纵向）。

如果山坡上突然出现大量裂缝，说明山坡已处于滑坡的危险中。尤其是山坡前缘出现有规则的裂缝（横向、纵向），显示滑坡非常危险。

地面出现大量同向裂缝

金沙江白格滑坡后缘出现大量裂缝

　　离开了"摔倒树"，团团继续往山坡下方滚动。糟糕，山坡上的的裂缝变得越来越多，越来越大。有的裂缝甚至发生了错动。团团真是担心自己掉到裂缝中啊。

幸好，一场大雨过后，团团来到了一棵大树旁。姑且叫它A树吧！有A树挡着，团团希望自己能停下来，看看风景。过一段安全又舒服的日子。

团团心里有些担心，因为它发现没过多久，A树旁边出现了裂缝，而且裂缝越来越大。哎呀呀！高大的A树开始向下倾斜。

几天后，A树摔倒了。团团生怕A树要死了！

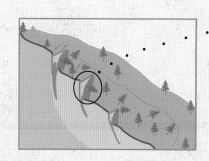

没想到 A 树不仅没死，还慢慢"站"了起来。几年过去后，它居然还长成了一棵"马刀树"。

待在坡上的这段时间里，团团见证了许多"摔倒树"长成"马刀树"的过程。

知识卡片　　滑坡的预兆——马刀树

滑坡或者滑坡前的蠕动，使生长在滑坡体上的树木倾倒、歪斜。植物有向光的本能，顶端枝叶总是向上生长，这样后来长成的树干就站立起来，而原来的树干还躺着，于是变成了一棵歪脖子树，由于树干的整体形态像刀马，又叫马刀树。马刀树是滑坡或者滑坡前蠕动的标志性植物。

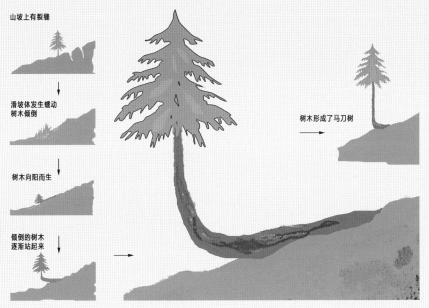

山坡上有裂缝

滑坡体发生蠕动
树木倾倒

树木向阳而生

倾倒的树木
逐渐站起来

树木形成了马刀树

马刀树的生长过程

团团还发现山坡上长了新的裂缝。每下一次雨，这些裂缝就变多、变宽、变长、变深。而且，有时候，即便不下雨，裂缝中也会冒出水。

"我的安稳日子快要结束了吧……"团团心想。

不出所料，在一个平凡的日子里，团团掉到一个巨大的裂缝中，眼前一片黑暗。

裂缝太深太黑了，这让团团变得很困，它打了一个长长的哈欠，闭上眼睛，沉沉地睡了过去。这一睡就是好几年。

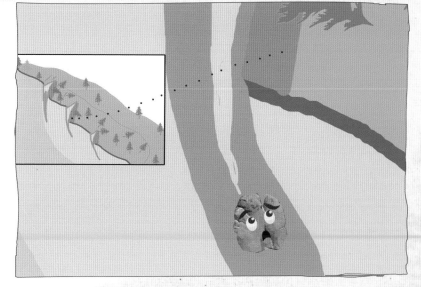

滑坡的预兆——地下水异常

在发生滑坡之前，常有地下水异常现象发生。

例如，滑坡前缘坡脚有堵塞多年的泉水突然涌出，滑坡体上水井中水位突然变化，池塘漏水等水异常现象。

如果发生异常的水不能形成流动的河，可以通过周围的植被来判断。

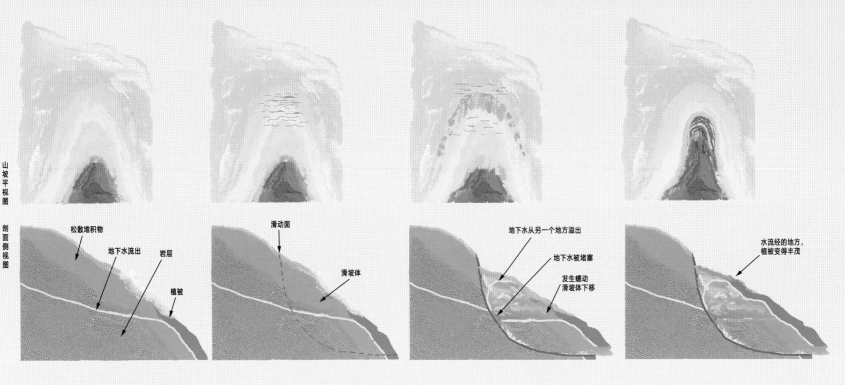

山坡上滑坡体蠕动导致水异常，植被改观

一天，"哗啦啦"一阵巨响，团团惊醒了，它惊讶地发现自己竟然离开了裂缝，又能看到白晃晃的亮光了。

不过，团团的眼前一片泥泞。远处，有一些东倒西歪的树，有的树直接躺在地上。原来，这是滑坡体发生了"蠕动"。团团跟随周围的堆积物在蠕动中往下滑了十几米。

滑坡的预兆——滑坡体蠕动

滑坡体蠕动是指斜坡上的滑坡体在滑动前，在重力作用下沿坡向下缓慢蠕移的现象。有的蠕动比较明显，在滑坡体后方产生裂缝，在前缘或侧边出现隆胀。有的蠕动不明显，很难用肉眼发现蠕动前后的变化。

蠕动的滑坡体

　　通常滑坡体的蠕动速度比较慢，持续时间较长，在滑坡体快速滑下之前蠕动会突然变快。滑坡体蠕动速度突然变快，是滑坡即将发生的征兆。

　　蠕动会让滑坡体上的树木发生倾斜（即"摔倒树"）、房屋变形，地面产生裂缝或台阶。持续时间长、范围广的蠕动，还会让树木从"摔倒树"变成"马刀树"。

蠕动发生在人类居住区内会对人类建筑造成损坏

滑坡蠕动的痕迹

这次蠕动，让树木更加倾斜，甚至有的小树直接被土石掩埋了。

通过这次蠕动，团团虽然离开了黑漆漆的裂缝，但是日子并没有变好。时常有石头从团团身边呼啸着滚下去。

天上一下雨，山坡上总有泥水和沙土源源不断地流下来。很快，可怜的团团再次被掩埋了。

在断断续续的蠕动中，团团稀里糊涂地又过了几年。一天，见多识广的团团心里有了判断：一个大滑坡快来了……

知识卡片 　　诱发滑坡的自然因素

1. 雨水，尤其是连日的大雨后。

2. 由崩塌、滚石等造成的压力突然变大。

3. 地震、火山喷发等造成地面震动，土石摇晃引发滑坡。

果然，这年夏天，山坡上发生了一次真正的滑坡，一个让团团头晕目眩的大滑坡。

这会儿，团团的眼前一片混乱，数不清的大树被推倒、折断，大小石块相互撞击、破碎。砂土像水一样流动。

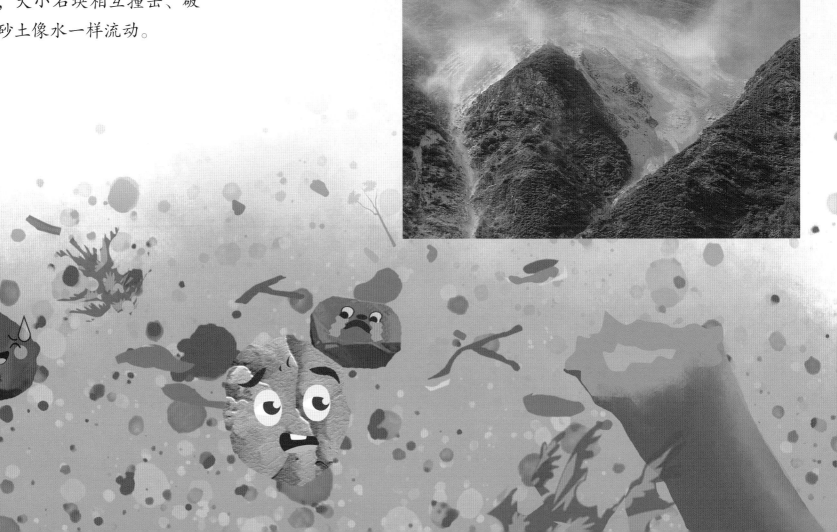

滑坡的类型

　　滑坡有许多种，有的发生在陡坡，有的发生在缓坡。有的滑面是平面，而有的滑面是弧形。如果按照滑坡体的组成成分来分，可以分为三类：1. 土质滑坡，滑坡体由砂土（红土、黄土等）组成，有时候长满了草树；2. 土岩混合滑坡，滑坡体既有土又有岩石；3. 岩质滑坡，滑坡体由岩石组成，这种滑坡一般发生在较为陡峭的山坡上。

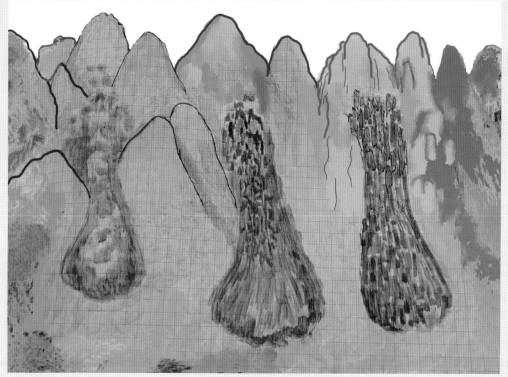

从左到右：土质滑坡，土岩混合滑坡，岩质滑坡

土质滑坡

土岩混合滑坡

一些歪脖子树在滑坡中受伤严重，枝叶被折断，树根朝天。

滑坡的危害——破坏自然环境

滑坡会对自然环境造成破坏，破坏生态平衡，例如植被剥落、树木被掩埋等。

滑坡破坏植被

如果滑坡发生在特定的位置，还有可能引发其他地质灾害。例如，滑坡体滑走以后，在原来滑坡体上边缘的位置形成了一个陡峭的岩面，叫做滑坡壁。这个滑坡壁上的岩体，经过雨水浸泡、风化等作用，就很容易形成崩塌。而这些崩塌掉下来的土石，逐渐积累，又为形成下一次滑坡做了准备。

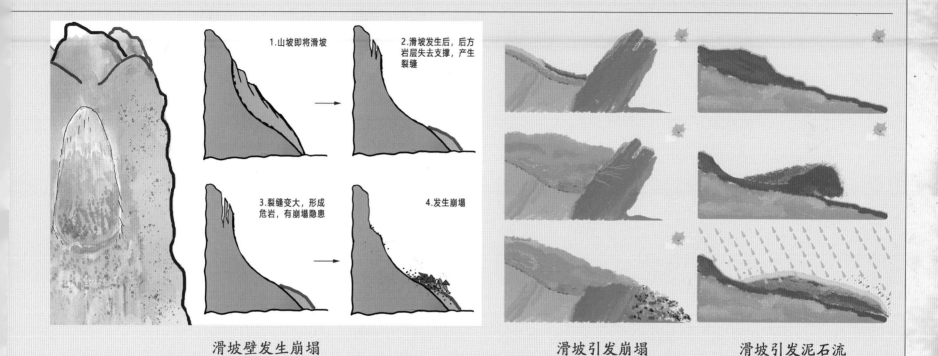

1.山坡即将滑坡

2.滑坡发生后，后方岩层失去支撑，产生裂缝

3.裂缝变大，形成危岩，有崩塌隐患

4.发生崩塌

滑坡壁发生崩塌　　　　　　　　　　　滑坡引发崩塌　　　滑坡引发泥石流

　　如果滑坡发生在危岩的上方，滑坡体堆积、挤压到危岩，可能引发崩塌。

　　滑坡前后有大暴雨，在滑坡发生后会引发泥石流。滑坡造成了大量的堆积物松散堆放，遇到暴雨天气，雨水和堆积物混合并向下游快速运动就形成了泥石流。例如 2008 年汶川大地震，造成了许多山体滑坡，雨季来临之后滑坡体就形成了泥石流。如果滑坡体堆积在河道上，被河水冲刷也可形成泥石流。

　　如果滑坡体堵塞河流，会形成堰塞湖。堰塞湖的湖堤很不稳定，一旦决堤就有形成山洪的潜在危险。

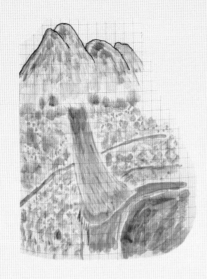

滑坡体堵塞公路，掩埋部分农田、河道，河水有溢出的危险

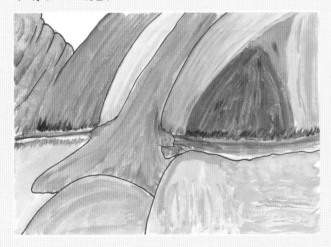

滑坡体堵塞河道，形成堰塞湖

如果滑坡发生的地方，本来就有其他滑坡的潜在风险，那么滑坡可能变成另一场滑坡的导火索。

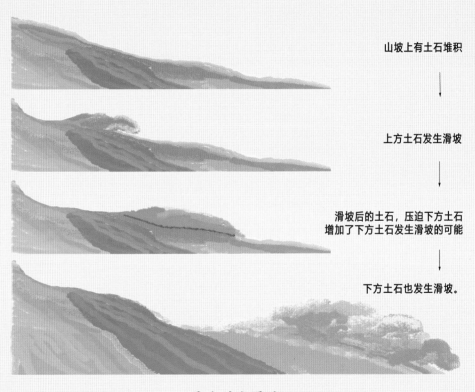

山坡上有土石堆积

↓

上方土石发生滑坡

↓

滑坡后的土石，压迫下方土石增加了下方土石发生滑坡的可能

↓

下方土石也发生滑坡。

滑坡引发滑坡

团团自顾不暇，它惋惜地和朋友们说了声"再见"，然后在猛烈的滑坡中离开了山坡，又经过一个山坳，最后跌落到一处较低的山坡上。

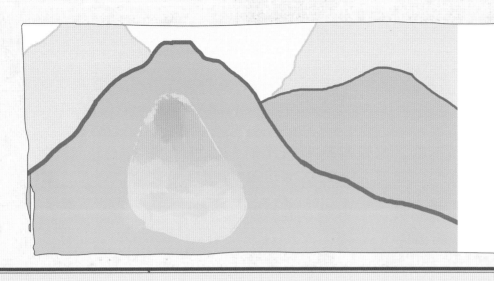

滑坡逐渐平息了，团团终于有时间开始新的观察。从远处看，山上形成了一个巨大的伤疤，形状像一把扇子。

滑坡的形态

世界上没有两片一模一样的叶子，也没有两个一模一样的滑坡。滑坡有很多形态，有上尖下粗的"1"字形、"L"字形、三角形、"Z"字形，有扇子状、有裙摆状等等。

滑坡体由上往下滑动，滑到下方，堆积物就散开了，只散开一点，就形成上尖下粗的"1"字形。下方滑坡体散开得很多，就形成三角形。

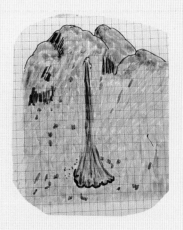

"L"字形的滑坡：滑坡体滑下来，被一座山挡住，转个方向沿着低处继续下滑，就形成了"L"字形的滑坡。如果滑坡继续往下滑，滑着滑着，又有一座山，又转个方向，就形成了"Z"字形的滑坡。

有时候滑坡会被阻挡物切割。有时候滑坡体快速冲下山，到了山谷被另一座山阻挡，在惯性作用下部分土石会"爬山"，出现在更高的地方。更多的滑坡则没有规则的形态。

大光包滑坡

深圳市光明新区渣土受纳场滑坡

这样的滑坡，既不是开始，也不是结束。在漫长的岁月里，它发生了一次又一次。

滑坡有时候很小，有时候很大。小的滑坡，仿佛在山上留下一颗"痣"；大的滑坡，会在山上留下巨大的"疤痕"。

人类与滑坡

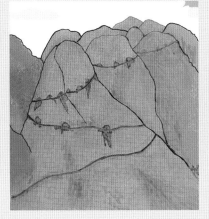

◆ **诱发滑坡的人类活动**

1. 采掘矿产资源，地表矿场形成坑槽容易引发边坡崩塌或者滑坡，地下采矿形成采空区引发地表崩塌。

露天矿场

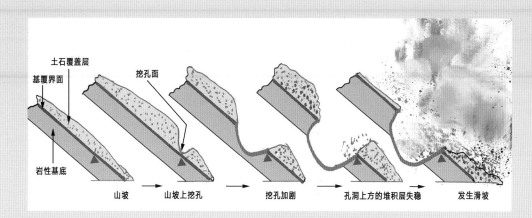

土石覆盖层
挖孔面
基覆界面
岩性基底

山坡 → 山坡上挖孔 → 挖孔加剧 → 孔洞上方的堆积层失稳 → 发生滑坡

人类挖孔引发的滑坡

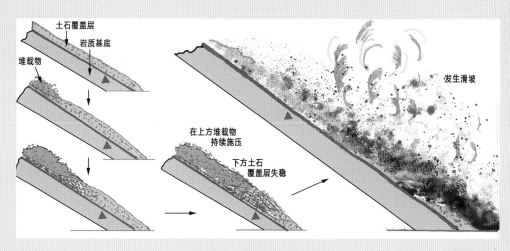

土石覆盖层
岩质基底
堆载物

在上方堆载物持续施压

下方土石覆盖层失稳

发生滑坡

人类丢弃废渣引发的滑坡

2. 道路工程开挖边坡、坡脚。修筑铁路、公路时，开挖边坡切割了外倾的或缓倾的软弱地层，大爆破时对边坡强烈震动，有时削坡过陡都可以引起崩塌和滑坡。

3. 水库蓄水与渠道渗漏。水的浸润和软化作用，以及水在岩（土）体中的压力可导致崩塌和滑坡发生。

4. 堆（弃）渣填土。在可能产生崩塌的地段，加载、不适当的堆渣、弃渣、填土等，都会破坏坡体稳定，可诱发坡体崩塌和滑坡。

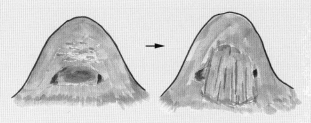

采挖后，上方岩层悬空。
岩层在自重牵引下出现裂痕。

在雨水、地震等的诱导下，
岩层发生崩塌。

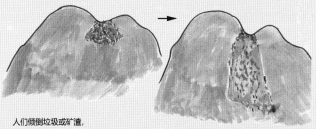

人们倾倒垃圾或矿渣，
使得下方岩层的负载过重。

负载超过承受值，岩层发生滑坡。

5. 强烈的机械震动。如火车、机车行进中的震动、工厂锻轧机械震动，均可引起诱发作用。

修建道路的切坡面

采挖石头后岩石露头，存在滑坡隐患

左：山谷下方挖土；右：山谷上方土壤堆积层有塌陷、滑移痕迹

◆ 人们如何预测滑坡?

如果能预测滑坡, 人们可以提前躲避、转移, 以减少许多损失。目前, 人们常用如下几种办法监测滑坡, 以达到预测效果:

1. 木桩测量法。在地上钉两个木桩, 定时测量距离。在滑坡体的前缘, 堆积体被挤压, 木桩之间的距离可能会变小。在滑坡体的中后部, 堆积体被拉伸, 木桩之间的距离会变大。

2. 裂缝观察法。人们通过观察裂缝变化来判断滑坡。地

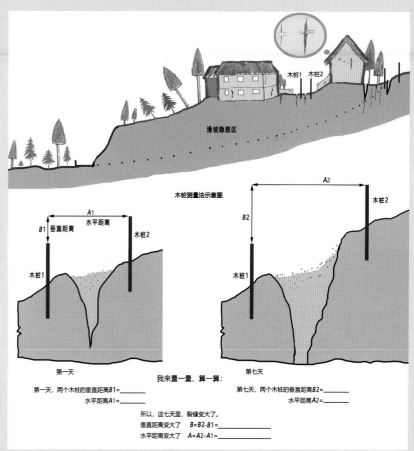

木桩测量法示意图

我来量一量、算一算:

第一天, 两个木桩的垂直距离B1=＿＿＿＿
水平距离A1=＿＿＿＿

第七天, 两个木桩的垂直距离B2=＿＿＿＿
水平距离A2=＿＿＿＿

所以, 这七天里, 裂缝变大了。
垂直距离变大了　B=B2-B1=＿＿＿＿
水平距离变大了　A=A2-A1=＿＿＿＿

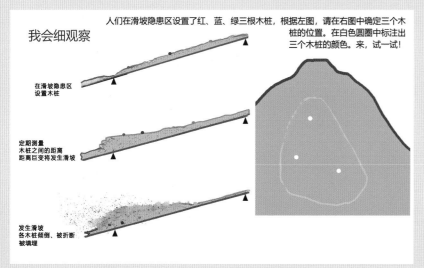

我会细观察

人们在滑坡隐患区设置了红、蓝、绿三根木桩, 根据左图, 请在右图中确定三个木桩的位置。在白色圆圈中标注出三个木桩的颜色。来, 试一试!

在滑坡隐患区
设置木桩

定期测量
木桩之间的距离
距离巨变将发生滑坡

发生滑坡
各木桩倾倒、被折断
被填埋

面上出现裂缝。裂缝变多、变大，说明此处有可能发生滑坡，应该根据地形特点加以判断、采取防范措施，如果房屋的墙体上出现裂缝，也可能是有滑坡蠕动的征兆。我们可以在裂缝上贴纸条，纸条撕断了，说明裂缝变大，蠕动在继续。

3. 仪器测量法。人们在山坡上安装位移传感器、斜度计、水位计等电子监控仪器和设备，精确测量得到堆积体的位移速度、堆积体的倾斜度变化、地下水位变化等数据，来判断滑坡发生的可能性。

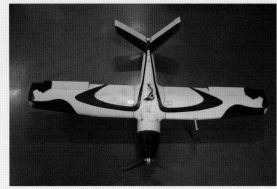

无人飞机（拍摄高清照片，以作地面变形、位移对比）地面位移检测器

4. 群防群测。我国的山区的面积很大，电子监控器的制造、运输、安装以及实时监控需要大量的人力、财力和物力。现在只能选择重点、重要的滑坡点安装监控器。大面积的山区，需要全民总动员，进行群防群测，尽量减少损失。

◆ **如何逃离滑坡**

1. 要经常观察自己的居住区和活动区域，当发现房前屋后山坡地表有裂缝、树木歪斜倾倒等现象，以及房屋等建筑物或公路出现开裂变形时，应及时撤离并上报。

2. 如果在行车过程中，你看到路边有"滑坡危险，小心

便携式全方位应急微变监测雷达　　　位移传感器

行车"、"前方有滑坡"等提示牌，应立即调转车头，尽量避免进入危险区。

◆ **最坏的情况是，你已经在危险区，那么：**

1. 冷静而迅速地观察，并分析该滑坡的发生阶段、自己所处的位置，然后进行决断。

2. 如果滑坡处于蠕动阶段，此时距离发生滑坡还有一段时间，你要立刻沿着滑坡的两侧奔跑，就是沿着与滑坡相垂直的方向，逃离出滑坡区。

3. 如果滑坡体已经开始滑坡了，而且没有时间和希望逃出滑坡区，那你冷静下来，赶紧找到一棵大树爬上去，或者找到一块稳固而又相对较高的地块站上去，尽量让自己避免被滚石砸到或被砂石掩埋。你学会了吗？

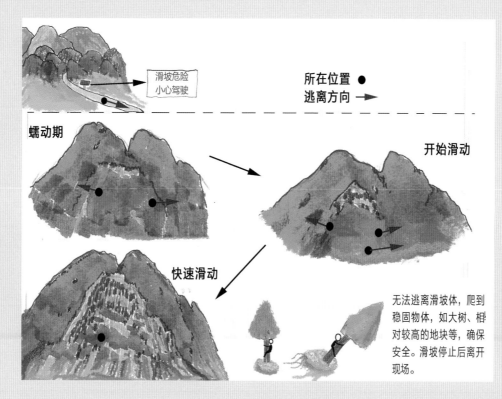